筑境

中国精致建筑100

1 建筑思想

风水与建筑
礼制与建筑
象征与建筑
龙文化与建筑

2 建筑元素

屋顶
门
窗
脊饰
斗栱
台基
中国传统家具
建筑琉璃
江南包袱彩画

3 宫殿建筑

北京故宫
沈阳故宫

4 礼制建筑

北京天坛
泰山岱庙
闾山北镇庙
东山关帝庙
文庙建筑
龙母祖庙
解州关帝庙
广州南海神庙
徽州祠堂

5 宗教建筑

普陀山佛寺
江陵三观
武当山道教宫观
九华山寺庙建筑
天龙山石窟
云冈石窟
青海同仁藏传佛教寺院
承德外八庙
朔州古刹崇福寺
大同华严寺
晋阳佛寺
北岳恒山与悬空寺
晋祠
云南傣族寺院与佛塔
佛塔与塔刹
青海瞿昙寺
千山寺观
藏传佛塔与寺庙建筑装饰
泉州开元寺
广州光孝寺
五台山佛光寺
五台山显通寺

6 古城镇

中国古城
宋城赣州
古城平遥
凤凰古城
古城常熟
古城泉州
越中建筑
蓬莱水城
明代沿海抗倭城堡
赵家堡
周庄
鼓浪屿
浙西南古镇廿八都

7 古村落

浙江新叶村
采石矶
侗寨建筑
徽州乡土村落
韩城党家村
唐模水街村
佛山东华里
军事村落—张壁
泸沽湖畔“女儿国”—洛水村

8 民居建筑

北京四合院
苏州民居
黟县民居
赣南围屋
大理白族民居
丽江纳西族民居
石库门里弄民居
喀什民居
福建土楼精华—华安二宜楼

9 陵墓建筑

明十三陵
清东陵
关外三陵

10 园林建筑

皇家苑囿
承德避暑山庄
文人园林
岭南园林
造园堆山
网师园
平湖莫氏庄园

11 书院与会馆

书院建筑
岳麓书院
江西三大书院
陈氏书院
西泠印社
会馆建筑

12 其他

楼阁建筑
塔
安徽古塔
应县木塔
中国的亭
闽桥
绍兴石桥
牌坊

筑境

中国精致建筑100

广州南海神庙

程建军 撰文摄影

中国建筑工业出版社

出版说明

中国是一个地大物博、历史悠久的文明古国。自历史的脚步迈入新世纪大门以来，她越来越成为世人瞩目的焦点，正不断向世人绽放她历史上曾具有的魅力和光辉异彩。当代中国的经济腾飞、古代中国的文化瑰宝，都已成了世人热衷研究和深入了解的课题。

作为国家级科技出版单位——中国建筑工业出版社60年来始终以弘扬和传承中华民族优秀的建筑文化，推动和传播中国建筑技术进步与发展，向世界介绍和展示中国从古至今的建设成就为己任，并用行动践行着“弘扬中华文化，增强中华文化国际影响力”的使命。从20世纪80年代开始，中国建筑工业出版社就非常重视与海内外同仁进行建筑文化交流与合作，并策划、组织编撰、出版了一系列反映我中华传统建筑风貌的学术画册和学术著作，并在海内外产生了重大影响。

“中国精致建筑100”是中国建筑工业出版社与台湾锦绣出版事业股份有限公司策划，由中国建筑工业出版社组织国内百余位专家学者和摄影专家不惮繁杂，对遍布全国有历史意义的、有代表性的传统建筑进行认真考察和潜心研究，并按建筑思想、建筑元素、宫殿建筑、礼制建筑、宗教建筑、古城镇、古村落、民居建筑、陵墓建筑、园林建筑、书院与会馆等建筑专题与类别，历经数年系统科学地梳理、编撰而成。本套图书按专题分册，就其历史背景、建筑风格、建筑特征、建筑文化，结合精美图照和线图撰写。全套100册、文约200万字、图照6000余幅。

这套图书内容精练、文字通俗、图文并茂、设计考究，是适合海内外读者轻松阅读、便于携带的专业与文化并蓄的普及性读物。目的是让更多的热爱中华文化的人，更全面地欣赏和认识中国传统建筑特有的丰姿、独特的设计手法、精湛的建造技艺，及其绝妙的细部处理，并为世界建筑界记录下可资回味的建筑文化遗产，为海内外读者打开一扇建筑知识和艺术的大门。

这套图书将以中、英文两种文版推出，可供广大中外古建筑之研究者、爱好者、旅游者阅读和珍藏。

目录

广州南海神庙

自隋朝以来，历代皇帝都对南海神庙敕封了神号（见下表），这说明历代帝王都十分重视南海神。由此，南海神庙在历史上享有较高的地位。

南海神历代封号

朝代	年号	公元纪年	赐封神号	史料出处
隋	开皇十四年	594年	诏建南海神祠，享侯一级待遇	《隋书·礼仪志》
唐	天宝十年	751年	封广利王	《旧唐书·礼仪志》
南汉	大宝元年	958年	封昭明帝	《文献通考·卷83》
宋	康定二年	1041年	加洪圣号	《康定二年中书门下碟》碑
	皇祐五年	1051年	加昭顺号	《皇祐五年碟》碑
	绍兴七年	1137年	加威显号	《南海广利洪圣昭顺威显王记》碑
元	至元二十八年	1291年	加灵浮号	《元史·祭祀志》
明	洪武三年	1370年	封南海之神	《重修南海庙记》碑
清	雍正三年	1725年	封南海昭明龙王之神	《波罗外纪》

一、海不扬波

自广州东行约25公里的珠江北岸上，在今庙头村的西侧，人们会看到一座宫殿巍峨的古庙，这就是闻名于世的南海神庙，是祭祀南海神的场所，1957年列入广东省省级文物保护单位。庙的南面为狮子洋，唐代称为“黄木湾”和“扶胥口”。这个海湾古代很大，是珠江的出海口。

南海神庙的设置是与中国人对海洋的认识有关。中国东面和南面濒临东海和南海，广阔的海洋和丰富的海洋资源给人们带来了巨大的经济利益，同时大海的神秘莫测又使人们设想有一位神灵来主宰着海洋世界，这是古代“万物有灵”观念的反映。所以中国古代有五岳、四渎、四海之自然神的设置。

对山川海岳诸神，据传自夏商周三代君主莫不祀事，如《山海经》就有“徇于四海”之记载。《月记·月令》记载，周时“天子命有司祈四海大川名源渊泽井泉”。据《汉书·郊祀志》载，汉宣帝神爵元年，制诏太常曰：“夫江海，

图1-1 “海不扬波”石牌坊
清代遗构，三间四柱冲天式，造型简洁庄重，心间两柱头置辟邪，古时坊前即扶胥江码头。

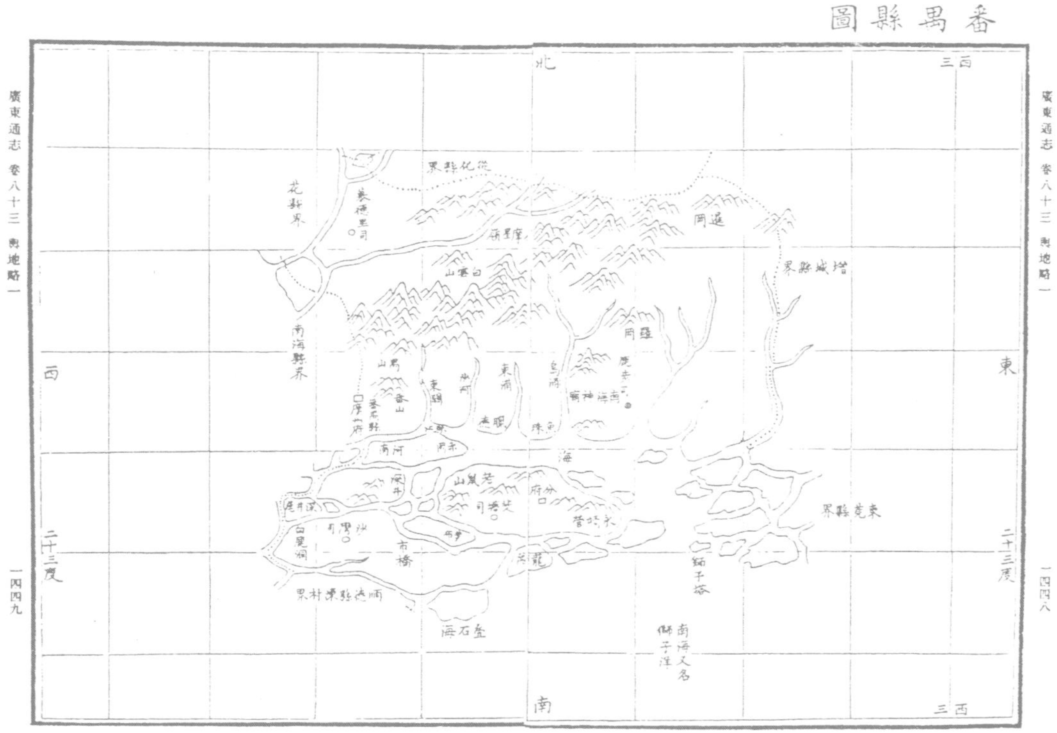

图1–2 南海神庙位置图（清《广东通志》载番禺县图）

南海神庙所处位置背有罗冈山脉为依托，左右河涌环抱，珠江自广州方向东流，自此转而向南流出狮子洋，庙前江面宽阔，水深浪平，是良好的天然港口，广州黄埔港就在附近。

百川之大者也，今阙焉无祠，其令祠官以礼为岁事，以四时祀江海雒水，祈为天下丰年焉。”然祭仅设坎坛而不设庙貌，且为遥祭。

直至隋朝开皇十四年（594年），有廷臣建议，海神灵应昭著，“望祀非虔”，应在近海处建祠祭祀，才能表达人们对海神的虔诚。于是文帝下诏近海立祠祭四海，于浙江会稽县建立东海神祠，广州南海立南海神祠，并置巫一人主洒扫以祭祀南海神祝融，祠内广植松柏。南海神庙建立后，每岁遣告之使不绝于途，其等级礼仪视如三公。

图1-3 南海神石雕像
据“文革”前资料复原，用地方产红砂岩雕成。原像为泥塑纻麻，衣饰精细，端坐龙椅。

图1-4 “威灵显佑”匾额

南宋绍兴七年(1137年)，湖南农民起义军入侵广东，官方称广州官军得南海神保佑平定了这次叛乱，于是宋高宗又给祝融加“威显”封号，是为“南海广利洪圣昭顺威显王”。

从此以后，历代帝王都十分重视祭南海神，不少皇帝派高官重臣来广州谒南海神，使南海神恩宠有加，庙誉益隆，成为中国一大庙坛。唐武德贞观年间（627—649年），朝廷立下每年祭祀岳镇海渎制度，并规定广州都督刺史为祠官，就近祭南海神。到了开元盛世，唐代实行对外开放政策，促进了海上贸易的繁荣。因而唐玄宗十分重视对五岳和四海的祭祀，他曾五次派高官重臣祭祀南海神。这对以后的封建帝王祭海和南海神庙的地位产生了深远的影响。开元十四年（726年），唐玄宗遣太常少卿张九龄祭南岳与南海，开创了皇帝派重臣南来代御祭南海神之先河。

到了天宝十年（751年），唐玄宗认为，四海之神灵应昭著，而自隋以来祭祀海神仅以公侯之礼，“虚王仪而不用，非致崇极之意也”，于是，命义王府长史张九皋（张九龄之弟），奉金字玉简之册封南海神为广利王，同时封东海神广德王，西海神广顺王，北海神广泽王。并于当年三月十七日备礼，举行空前隆重的仪式，给四海神封爵加冕。至此，南海神的祝号与祭祀礼仪便由公侯之礼升为王侯一级。

图1-5 清康熙皇帝御笔“万里波澄”/对面页
康熙四十二年(1703年)，康熙亲笔御书“万里波澄”，并制成匾额，派户部右侍郎范承烈将匾专程护送到南海神庙，并专门立碑记事。此为按旧藏碑拓片复原的“万里波澄”石碑。

萬里波澄

到了五代十国时期，岭南地区建立了南汉国。刘氏王朝横征暴敛，荒淫无度。南汉国经济收入的很大一部分来自海上贸易，因此，南汉后主刘鋹对南海神更为崇敬，大宝元年（958年），刘鋹下诏加封南海神广利王为昭明帝，“衣冠以龙凤”。今南海神庙后殿仍称为“昭明宫”是为证。

由于海上贸易厚丰的利润成为国家财政的重要来源，宋朝开国伊始就十分重视海上对外贸易。宋太祖开宝六年（973年），宋王朝在广州建立市舶司，管理海外贸易。同年，朝廷命中使修葺南海神庙。仁宗康定二年（1041年）下诏增封南海神加王号“洪圣”，于是成了“南海洪圣广利王”。

南宋绍兴七年（1137年），湖南农民起义军入侵广东，官方称广州官军得南海神保佑平定了这次叛乱，于是宋高宗又给祝融加“威显”封号，是为“南海广利洪圣昭顺威显王”。至今南海神庙大殿悬着“威灵显佑”之匾额。终宋一代，由于海外贸易在宋朝经济中占重要地位，所以祭祀海神的活动达到了高潮，南海神的封号也最多。

元朝蒙古人灭南宋王朝于广东崖门海中，故元朝也十分重视祭海神。至元二十八年（1291年），遣使祭南海神，诏加四海封号，封南海神为“广利灵浮王”。

图1-6 悬于头门的南海神庙匾

明清两代，海洋及海上贸易继续发展，明代郑和曾七次下西洋，成为中外海上文化交流史和贸易史的典范。朝廷对海神的崇敬致意一如既往。其中尤以康熙、乾隆时期最盛。康熙是一个热衷于祭海的帝王，他曾前后十一次派遣高官重臣前往祭祀南海神。康熙四十二年（1703年），康熙亲笔御书“万里波澄”，并制成匾额，派户部右侍郎范承烈将匾专程护送到南海神庙，并专门立碑记事。

二、万里波澄

祀海神的缘由必在于海，中国先民最早立国，经济赖陆路以农业，后逐渐认识到襟带华夏的东南两海，有着通气致雨，繁殖五谷的作用。进而又认识到海产物资与航海贸易之利益，遂对海产生了极大兴趣，而重视对海洋开发，此即祀海神的真正缘由。在隋唐宋初，东南亚交趾七郡来贡，均从南海沿江淮河洛而至京师，继而外商海贾，舸舶浮槎皆往来于南海之途。所以唐代韩愈在所撰《南海神广利王庙碑》文中开篇写道："海与天地间为物最巨，自三代圣王莫不祀事。考于传记，而南海神次最贵，在北、东、西三神河伯之上，号为祝融。"申明了南海在于中国的特殊地位。

南海神封号为"广利王"，"广利"即是广招天下财利之意。这个封号与广州在中国海上交通贸易史上所处的重要地位有极大的关系。广州是我国最早的海上对外贸易的港口。据司马迁的《史记》记载，早在两千多年前，广州就是我国著名的都会，海外贸易的主要港

图2-1 陶船模
广州先烈路出土的东汉后期作品。船头系锚，有防浪篷，舱内模架八根梁担以加固船体，船尾设舵。这种船型吃水较深，负载量较大，较能抗御风浪，适应深水航行。

图2-2 波斯银盒
南越王赵眜墓出土的西汉前期作品。口沿有极薄的鎏金层，其造型、纹饰同中国传统风格迥异，而与伊朗古苏撒城（今舒什特尔）出土的刻有波斯薛西斯王名字的银器相类同。

埠和进出口货物的集散地。1983年在广州发现第二代南越王赵眜的墓葬，其中有银盒、象牙、香料，据判断就是来自中亚或南亚地区。据《汉书·地理志》载，我国运载黄金和丝绸的船队，从徐闻、合浦等地出发，到达南亚诸国，开创了海上丝绸之路先河。当时，番禺是我国外贸船队的基地。魏晋南北朝时期，广州作为中国对外经贸的港口地位不断提高。到了隋唐时期，中国海运事业发展进入了鼎盛时期。唐代对南海神之所以如此尊崇，是因为广州不仅是岭南的都会，又是海外各国来华贸易的中心，即海上丝绸之路的起点，唐王朝在广州首设市舶使，管理对外贸易，从而带来可观的利润，广州当时已成为国库主要收入之地，为当时全国最大的对外贸易港。因此，广招财利的南海神广利王自然就得到了人们的崇敬，南海神也就成为四海神中位次最高的海神。

图2-3 广东船
明末清初时到日本进行贸易的广东船是中国古代的重要船型，船材多用铁力木建造，坚固耐浸；底圆面高，下贴龙骨，转避灵活；大者长20多丈。

唐代的造船工艺、技术和航海技术的发展，也为远洋航行的发达提供了可靠的保证。唐船最大的高达两三层，建造得十分坚固，“纲长五十余丈，才及水底”。坚固的唐船在海上行驶，其速度已远非汉船可比。据《史记》记载，汉代从合浦、徐闻乘海船到已不程国（今斯里兰卡），约要一年之久，而唐代的史籍表明，从广州到阿拉伯半岛的海上航程，只需要八十来天，这是一个巨大的进步。

航行周期的缩短，使中外政治、经济的交往日趋繁荣。630—798年，大食（即阿拉伯帝国）遣使来华有36次之多。唐肃宗上元元年（760年），仅扬州一地的大食人与波斯人就有好几千，而中国的丝织匠、金银匠、画匠等也有许多侨居在阿拉伯帝国。德宗时的著名地理学家贾耽，根据向中外商人调查的资料，描述了从广州出发的“通海夷道”。根据他

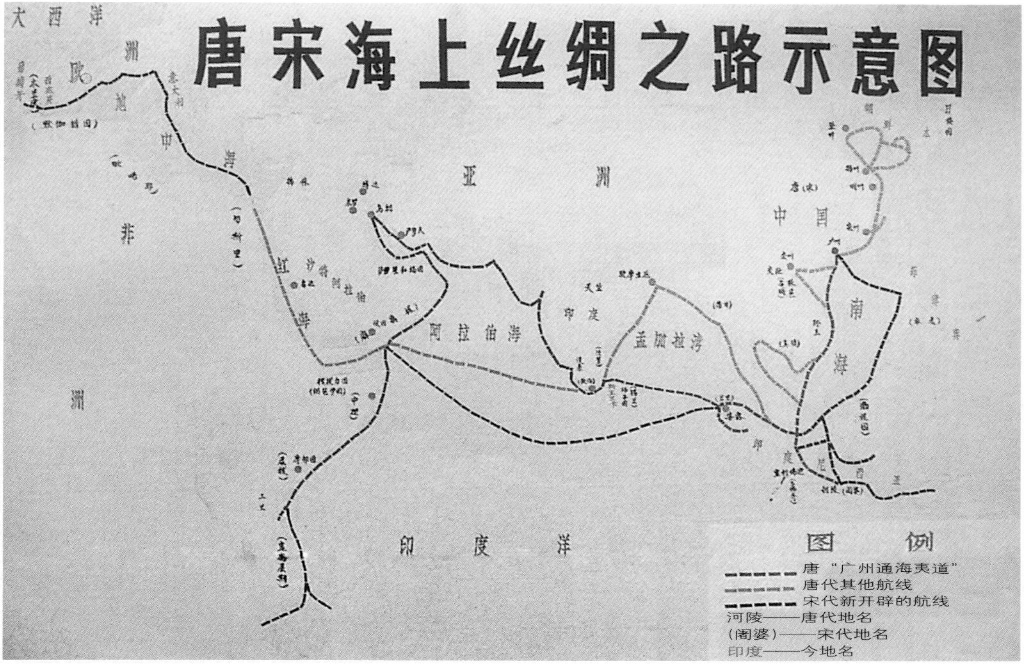

图2-4 唐代海上丝绸之路示意图

中国海船从广州出发后先后经过门毒国（今越南茅庄）、古国（今越南庆和省一带），过马六甲海峡，到罗越国（今马来半岛南部）、佛逝国（今苏门答腊岛巨港一带）、柯陵国（爪哇岛）、婆露国（苏门答腊岛西海岸），然后到达狮子国（今斯里兰卡）。尔后继续西行，又经过40多个小国，才达到提罗卢和国（今伊朗阿巴丹）、乌剌国（古阿拉伯港口俄波拉）和末罗国（今伊拉克之巴士拉）。

的记述，中国海船从广州出发后，先后经过门毒国（今越南茅庄）、古国（今越南庆和省一带），过马六甲海峡，到罗越国（今马来半岛南部）、佛逝国（今苏门答腊岛巨港一带）、柯陵国（爪哇岛）、婆露国（苏门答腊岛西海岸），然后到达狮子国（今斯里兰卡）。尔后继续西行，又经过40多个小国，才达到提罗卢和国（今伊朗阿巴丹）、乌剌国（古阿拉伯港口俄波拉）和末罗国（今伊拉克之巴士拉）。

当时岭南的主要港口是广州，福建是泉州，江淮是扬州。唐代宗年间，每年来广州的外国船只达四千余艘。许多外国人（包括阿拉伯人和非洲黑人）侨居中国，造成了“云山百越路，市井十洲人”的盛况。在广州，仅阿拉伯人侨民就有数万之多。今天，广州现存有一座建于唐代的清真寺“怀圣寺”。在清真寺附近就是阿拉伯人聚居的“番坊”。番坊内有一条街叫“大纸巷”，据考证，大纸巷系大食巷的讹称。这些均是中国与阿拉伯地区古代海上交往的历史佐证。

在南海神庙内西侧鱼塘中曾发现成排码头枕木，长2米多，延伸20米以上，经C14测定年龄为1110±80年，为晚唐遗物，木材为南海紫荆木，坚硬异常。此表明南海神庙正在江边。1984年又在码头园出土唐代陶瓦饰一批，其中有唐代鬼脸瓦，可能是浴日亭附近建筑物上的残件。而庙内还设有达奚通和杜环两个唐代司空。从韩愈《南海庙碑》可知当日扶胥镇之盛。因唐代番舶不能进入小海黄木湾，扶胥镇

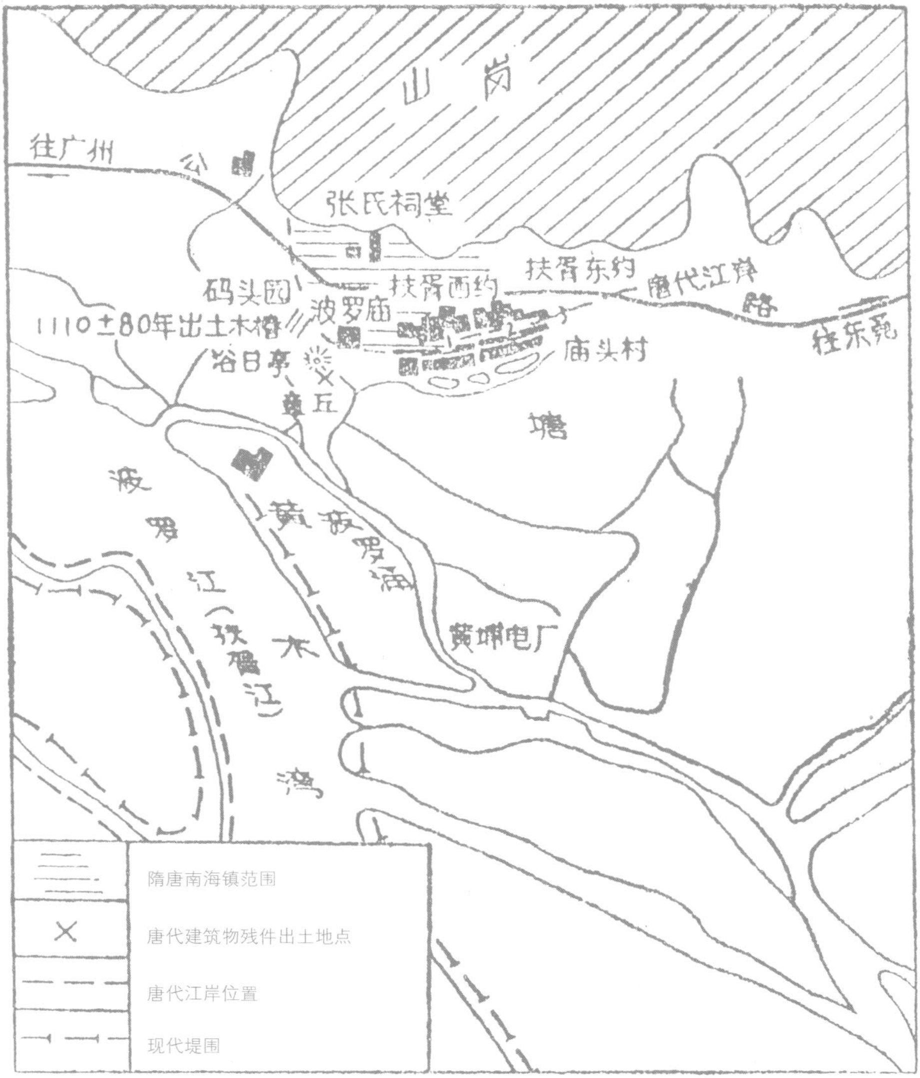

图2-5 唐代南海神庙附近简图（据曾昭璇）

在南海神庙内西侧鱼塘中曾发现成排码头枕木，长2米多，延伸20米以上，经C14测定年龄为1110±80年，为晚唐遗物，木材为南海紫荆木，坚硬异常。此表明南海神庙正在江边。1984年又在码头园出土唐代陶瓦饰一批，其中有唐代鬼脸瓦，可能是浴日亭附近建筑物上的残件。至今庙头村（古扶胥镇）街道形式仍为村中有一条主街的交通贸易居落形式，即表示昔日是条“街村”，这和一般农村没有主街的团状形式不同。

因此繁荣起来。至今庙头村街道形式仍为村中有一条主街的交通贸易聚落形式，即表示昔日是条“街村”，这和一般农村没有主街的团状形式不同。

海上丝绸之路在唐代的发展，不但促进了沿途国家人民间的友谊，也促进了相互间经济、文化的交流，促进了本国的经济繁荣。南海神庙就是中国海上丝绸之路的历史见证，1991年2月9日，在南海神庙重修复原落成揭幕仪式的第二天，联合国教科文组织海上丝绸之路考察团乘“和平之舟”到达南海神庙，30多位专家兴致勃勃地观摩聆听，开始了该团在中国的第一个考察项目。考察团负责人迪安先生说：“广州的南海神庙有着深刻的象征意义，它表明历史上海上丝绸之路发端于广州，也表明广州是对外开放的。南海神保护着出海远航的人们。”

三、扶胥浴日

图3-1 浴日亭
立于章丘之巅，宋代始建，历经重修。亭为三开间歇山顶形式，石柱木构架结构，其构架简练，屋顶平直，四面空灵，文人气质毕露，内立苏东坡和陈献章的诗碑，为历代游人墨客登临观“浴日”胜境，品文豪诗韵的好去处。

宋代国库亦是以广州为重要收入港口，仅广州一地的对外贸易税收就占全国的十分之九。故南海神得以加封“洪圣大王”。南海神庙前乃称“大海”，广州珠江则称为“小海”。宋代航海已能横渡印度洋，直航西亚和东非。故扶胥镇此时成为广州外围镇墟之首，南海神庙成为当时旅游胜地，“扶胥浴日”成为宋代羊城八景之首。

图3-2 浴日亭外景

“扶胥浴日”又称“波罗浴日”，是指前来谒庙的人们登临南海神庙西侧小冈，观望海上日出的壮观情景。这个小冈旧称章丘，高十余米，靠水一侧陡立，上建有浴日亭。宋时，浴日亭的章丘三面临水，祝穆《新编方舆揽胜》称：“浴日亭在扶胥镇南海之右，小丘屹立，亭冠其巅，前鉴大海，茫然无际。”游人清晨登临远眺，只见海空相接，旭日东升，霞光万道，江海尽染，红日一轮，半沉半浮，遂成“浴日”胜景。“扶胥浴日”胜景延至元代仍为羊城八景之首，表示元代承宋代之胜，变化不大。

据史书记载，章丘的阶梯共108级，但现在仅存72级。古代，广州文人墨客游南海神庙，喜欢黄昏泛舟于此，第二天拂晓时分登上古亭观日出。这里东南即狮子洋，烟波浩渺。待夜幕渐退，红霞初升，半轮红日跃出海面，此时，万顷碧波金光一片，“日浴大海”图景令人心旷神怡。北宋绍圣初年（1094年），大文豪苏东坡被贬至岭南惠州途中，慕名到南海神庙参拜游览，被海中浴日奇观所吸引，诗兴大发，写下了“南海浴日亭”一诗：“剑气峥嵘夜插天，瑞光明灭到黄湾。坐看旸谷浮金晕，遥想钱塘涌雪山。已觉苍凉苏病骨，更烦

图3-3 浴日亭内陈献章（白沙）的“茅书”诗碑/对面页
祝穆《新编方舆揽胜》称：“浴日亭在扶胥镇南海之右，小丘屹立，亭冠其巅，前鉴大海，茫然无际。”

乾隆辛卯三月大興翁方綱

沆瀣洗衰颜。忽惊鸟动行人起，飞上千峰紫翠间。”后人将该诗勒石成碑，立于浴日亭中。据说“浴日亭”三字也是苏东坡题写的。此后，许多文人墨客慕名而来观日出，留下不少步东坡韵的诗词。其中较出名的有陆万钟、陈白沙、董笃行、李跋等十余首。其中明代陆万钟的《浴日亭次东坡韵》诗，流传较广：“万里南来共一天，孤亭杯酒酹前湾。试看晓渡扶桑日，且喜春回若木山。湖海几人怀壮志，风尘此会破愁颜。吟余且指东溟外，家在松阴柳色间。”在浴日亭苏东坡碑的背面，是明人陈献章于成化乙巳（1485年）和东坡韵诗一首，诗云：“残月无光水拍天，渔舟数点落前湾。赤腾空洞昨宵日，翠展苍茫何处山。顾影未须悲鹤发，负暄可以献龙颜。谁能手抱阳和去，散入千岩万壑间。”陈献章，字公甫，号石斋，广东新会人，人称白沙先生，是明代著名哲学家和书法家。他学识渊博，却又不愿为官，自称古冈病夫，其学注重自然与自得，四方来求学者众。其独创茅草为笔，誉称为“茅龙”。此碑文就是用茅笔所书，极为豪放洒脱，可称为陈的代表作，有极高的书法艺术价值。

图3-4 清《波罗外纪》所绘章丘及浴日亭

章丘高耸于江边，浴日亭坐落其巅，江中且绘出“浴日”之胜景。

在明代，浴日亭和南海神庙还是前临大海的，到了清朝，浴日亭下已成一片海滩，由沧海变桑田了。到了清嘉庆初年(1796年)，据崔弼的《波罗外纪》记载，浴日亭下“今则淤积既久，咸卤继至……潮当长就岸易，水消长则平沙十里，挽舟行陆，进退两难。”到了清道光年间，附近海滩更因潮水退缩成为一片田园。过去那波光帆影已不复存在。所以在清代羊城八景已无“扶胥浴日”之胜景了。今天南海神庙四周，为建筑、水田林园所在，亭上再也难以欣赏到海上浴日的奇观了。

四、兰庑桂殿

据考证，隋代初设立南海神庙于广州珠海路附近，隋以后，珠江河湾淤积，大海船难以进入广州，加之朝廷规定西人之番船不得进入广州，只得停泊于黄木湾或狮子洋，所以出海远航祭神场所的南海神庙东移至今地。唐天宝十年正月（751年）封南海神为“广利王”，神庙建筑“循公侯之礼，明宫之制”，有重门、环堵、斋庐、前殿、后殿等，是属王制。其后历南汉、宋、元、明、清、民国十数次修建，兴衰之史铭列碑记。

据《南海庙志》和《波罗外纪》记载，南海神庙在历史上有几次大的修缮，包括：

图4-1 南海神庙重修碑碣
自隋朝立南海神庙后，每岁祭祀不断，历代均有修葺。

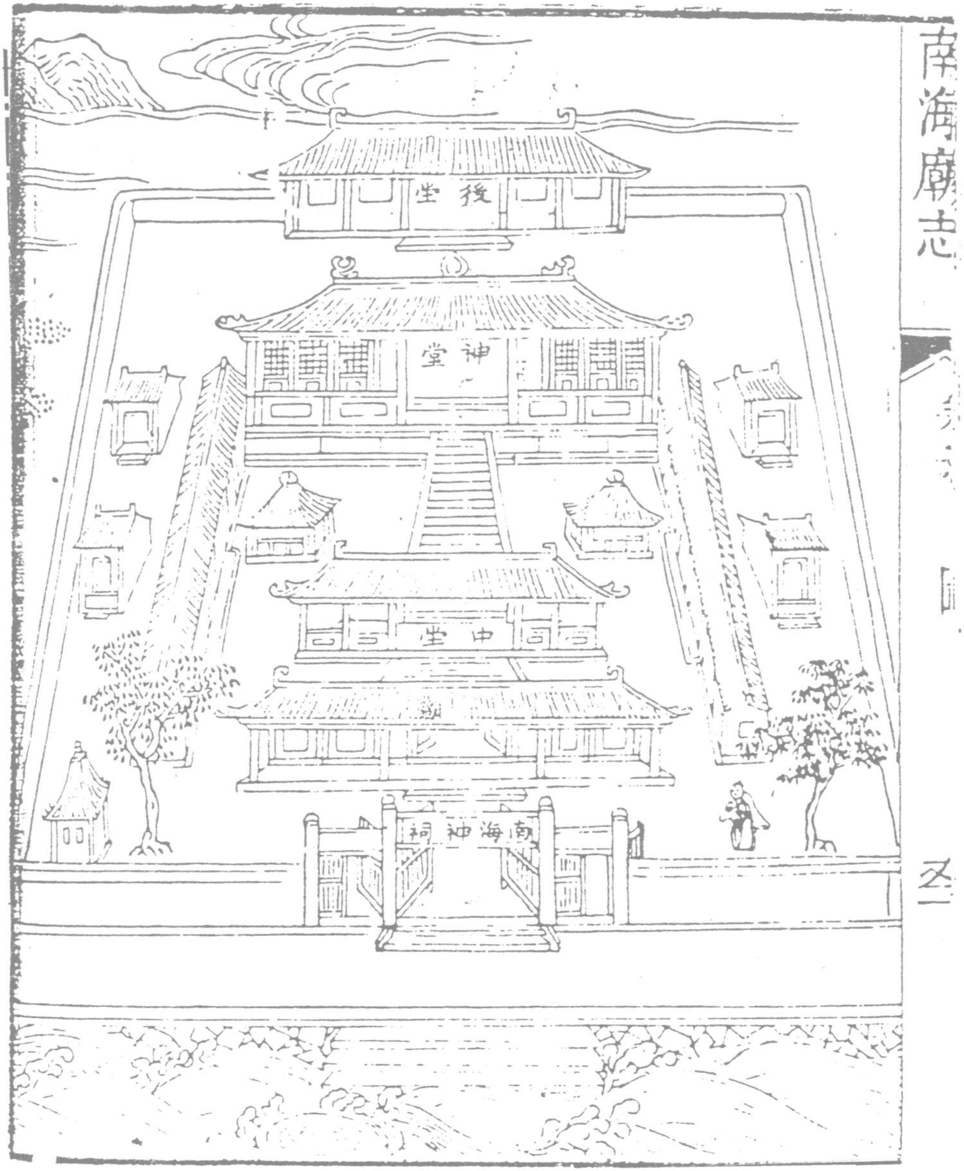

图4-2 明《南海庙志》所绘南海神庙图

布局自前至后有南海神祠牌坊、头门、中堂、神堂和后堂，东西廊庑，庭中有东西两亭，此外尚有宰庖帛炉等建筑物。庙前即扶胥江。

图4-3 明《南海庙志》所绘浴日亭图

宋宝庆元年（1225年），元至元三十年（1293年），明成化八年（1472年），清康熙四十四年（1705年）和清雍正三年（1725年）五次。

据龙庆忠教授研究认为："兹庙之遗规，胚胎于周，成形于隋，成长于唐以后历宋增建，更踵事增华，遂至败废，然而幸又重生于元，扶养于明，垂危于清而迄今（20世纪40年代末期）。虽然历经修葺，但由于此庙为国家祀典的神灵之所和封建国体未变，以及远离城市无侵占拆迁之害，故其平面之规模，历千年而仍存。此在我国过去多变之中，尚能获此遗规于岭南之区，实建筑上之一珍贵资料也。"（《中华建筑与中华民族》）

1987年修复前的南海神庙，有院落四进，坐北向南。由南而北依次是"海不扬波"石牌坊、头门、仪门复廊、礼亭、东西廊庑、大殿、后殿和斋庐碑亭等，但破坏严重。新中国成立后1966年南海神庙辟为广州航海学校校舍，庙内古建筑被改建甚至拆毁，遭到了不同程度的破坏。仪门复廊、两庑、头门被改建成课堂、宿舍、仓库，后殿改建为厨房，主要建筑大殿被拆毁，上建餐厅，修复前仅存台阶。除此以外，还于庙内加建了许多现代建筑，严重地破坏了神庙的空间环境氛围。在"文革"中神庙古建筑及碑碣等文物古迹进一步遭到破坏。但鉴于南海神庙具有较高的历史

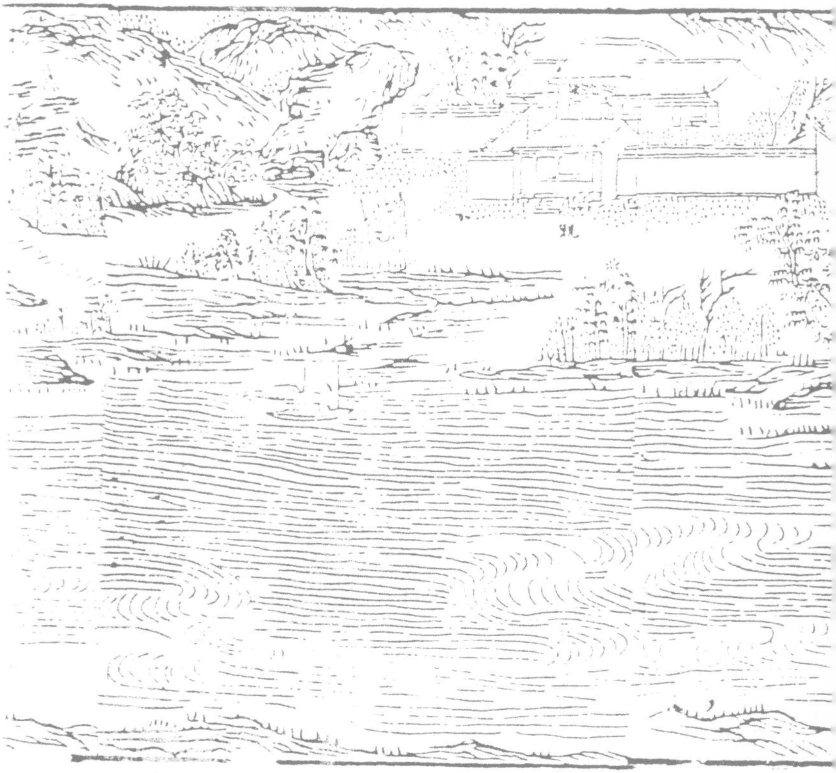

文化价值，广东省、广州市政府及文物管理有关部门于1984年决定修复南海神庙。在著名古建筑专家龙庆忠教授指导下，由华南理工大学建筑系承担了南海神庙修复的研究工作和规划设计工作。

图4-4 清《波罗外纪》所绘“波罗全图”
由于南海神庙民间又称为“波罗庙”的缘故，扶胥江又称波罗江，狮子洋就称为波罗海，即珠江的出海口。图中所示为中舶西船往来于狮子洋虎门水道的繁忙景象。

正如龙庆忠教授所指出，南海神庙的建筑的确有着重要的价值。除了其总平面保存着唐宋廊院式制度外，头门、仪门复廊均具有重要历史价值，作者在修复前后进行了详细研究，今介绍如下：

图4-5 南海神庙的廊院格局
南北朝、唐宋时期的宫殿佛寺观多为廊院式布局，这种庭院空间开敞，与后期流行的四合院式布局风格迥异。廊院制在唐代传至日本，至今日本唐代古寺庙中还保留有廊院的形式，特别是在药师寺、川原寺、东大寺等还可以看到唐代复廊实物。

头门

头门是南海神庙之庙门，现存头门为清道光二十九年（1849年）鼎新庙宇时的重建物，门南向偏东约7°。修复前，其瓦面翻落，斗栱、版门等缺失，墙面污损，地面铺砖碎裂，尤为严重的是被改建为仓库时加建的前后围墙破坏了原貌，但使人略感欣慰的是梁架结构基本保持完好。

头门面宽三间，进深两间，结构为分心槽前后用三柱形式，山面砖墙承重，前后开敞的硬山顶门堂式建筑。其心间左右两缝梁架是以抬梁结构形式为主，兼有穿斗结构特色的梁架结构形式。中柱前后梁式内外有别，前高后低，上下梁间距较小。中柱以南上下梁之间以矩形柁墩承托，并有龙鱼形木雕托脚联系顶托上下檩条。前檐柱为八角形石柱。中柱以北上下梁架之间则以二铺作斗栱承托，后檐柱为圆

图4-6 大殿遗迹/上图

“文革”中大殿被拆毁，仅存台基。

图4-7 后殿（昭明宫）遗迹/下图

“文革”中被改建为厨房。

图4-8 头门梁架
为岭南典型的清代祠堂式构架形式，驼墩梁头满布雕刻。

形石柱。前后挑檐檩均以插拱出挑。梁头、柁墩、托脚等皆施雕刻，可谓名副其实的“雕梁画栋”。整个梁架形式显然是广州地区清代古建筑中门堂结构的常制。

头门重要之处乃在于其门阙之形式。头门心间设版门，门楣之上设有走马栅栏，门下设高达90厘米的闸式门限。次间地坪较心间高出85厘米，上原有神像。两边高台，中有阙道，疑为古之门阙、门堂之形制。

门堂形制可考于周代。《尔雅·释宫》：“门侧之堂谓之塾。”周寝庙之门两旁设塾，亦称门堂，塾以门左右分东西塾。《释宫》：“门之内外，其东西皆有塾，一门而四塾，其外塾南向。”《朝庙宫室考》：“内为内塾，外为外塾，中以墉别之。”墉即墙，这是说东西塾又以门及分心墙为界线前后分为内外塾，门堂于是一门有四塾：外塾南向，东塾为左

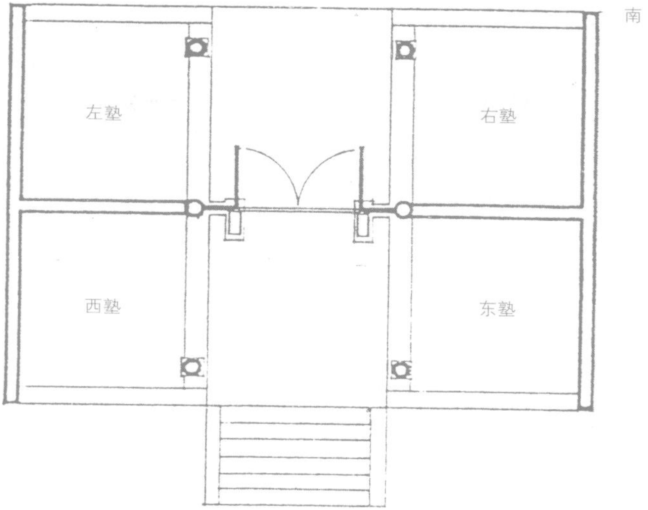

a 平面

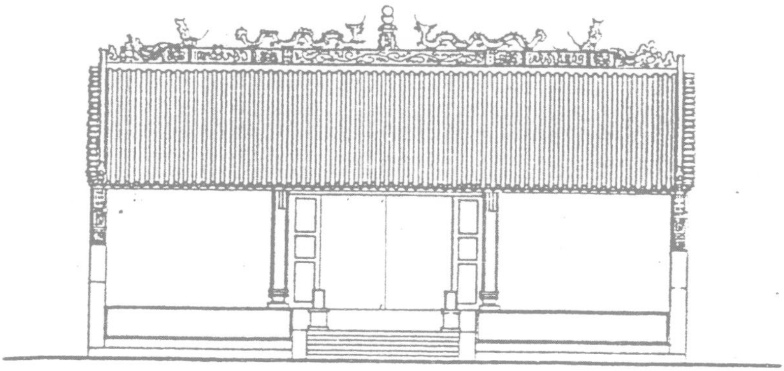

b 正立面

图4–9 头门平面图、立面图

为典型的分心槽平面形式，保留着周代一门四塾的建筑制度。

处

图4-10 复原后的头门及环境/前页
复原头门两侧的八字墙和石狮、华表等建筑小品。

垫，西塾为右塾；内塾北向，东塾为右塾，西塾为左塾。《群经宫室图》："垛，堂塾也，盖塾为筑土成埒之名，路门车路所出入，不可为阶，两塾筑土高于中央，故谓之塾。"可见堂即塾，即门侧高起的台基。《群经宫室图》又说："两塾高，谓之堂，中央平，谓之基，往塾视之，至门间而告也。《学记》云：'古之教者，家有塾。'"可见后来的"私塾"大概是源自于此。

南海神庙头门即是一门四塾形制，与文献所述吻合。且版门下有可装拆的活动式门限，具有一定官爵品位的人才能乘车而入（届时可将门限拿开）。头门门式构造也与文献记载无异。

还有，这种门塾形制也常见于岭南地区的一些寺庙及祠堂中（尤以祠堂居多），其大

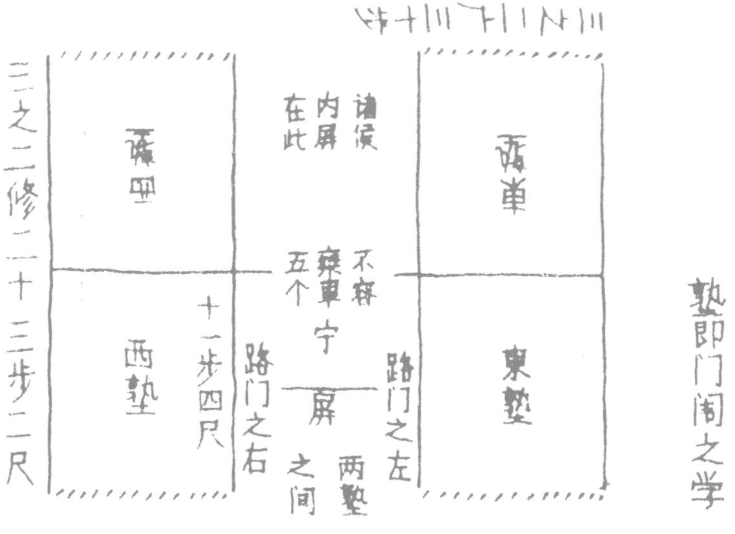

图4-11 周宗庙门堂之制
引自焦循《群经宫室图》。

图4-12 仪门

是南海神庙的第二进门，面阔三间进深四间，其左右两侧接东西复廊。

门形式多有一门两塾古门堂之形式。祠堂乃本族人祭祀祖宗之庙堂，建筑形式多循古宗庙制度。《群经宫室图》："正义云：周礼百里之内二十五家为闾（里坊又称闾里），同共一巷，巷首有门，门边有塾，谓民在家之时，朝夕出入，恒就教于塾。"岭南古祠堂多设本族人之学校（又称学堂），其门塾形式可能与"恒就教于塾"有关。

据古代礼制，天子路门即寝庙之门。《考工记》："门阿之制，以为都城之制，宫隅之制，以为诸侯之城制。"南海神封广利王，其庙制循诸侯王制，因而庙门之制同寝庙之门制，一门有四塾，是合礼制。再来看其建筑间架数如何。《唐书·舆服志》："三品以上，门屋不得过三间五架；六七品以下，门屋不得过一间两架。"《明会典·礼部》："公侯，门屋三间五架；一二品，门屋三间五架；三品

图4-13 仪门剖面图
构架为明代风格，梁断面饱满，使用瓜柱。

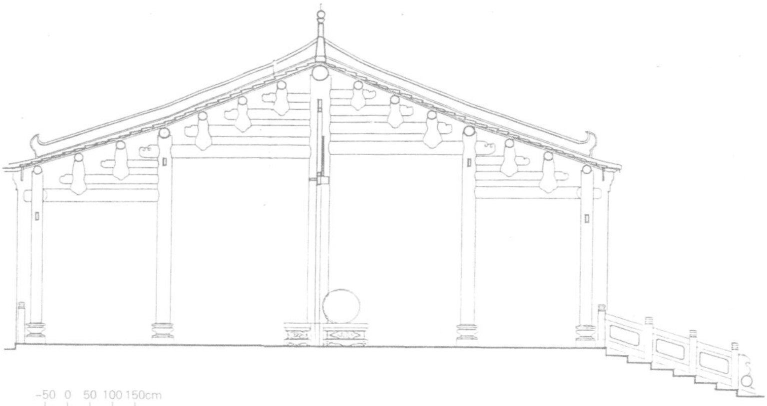

图4-14 复廊外观/上图

复廊以仪门坐中左右对称设置，每侧六开间，进深同仪门为四开间，廊中间以实砖墙分隔为内外廊。

图4-15 复廊内视/下图

复廊内部空间宽大通透。

至五品，正门三间三架；六至九品，正门一间三架。”南海神庙头门为三间十三架（因结构具有岭南干阑式结构遗制故架数较多），可见亦符合古之礼制。

除此之外，头门飞椽头做雕刻状，疑为《国语·晋语》所载：“天子之室斫其椽而砻之，加密石焉；诸侯砻之；大夫斫之”的早期建筑斫椽刻桷之制的遗风。其制在岭南留存甚多，说明秦汉以前建筑斫椽刻桷之制是可信的。至此，南海神庙头门为周宗庙门堂之制昭然矣，其历史价值不言而喻。

仪门复廊

南海神庙第二道门是仪门，仪门左右就是复廊，复廊东西两端接东西廊庑。南海神乃国家祀典的自然神，等级较高，所以建筑礼制特别讲究，仪门之称就可能来自于“礼门仪路”的礼制。过了仪门便可以沿仪路通道进入礼亭向大殿南海神进行拜祭了。

图4-16a,b 仪门、复廊平面图和立面图/对面页上图
复廊以仪门坐中左右对称设置，每侧六开间，进深同仪门为四开间。廊中间以实砖墙分隔为内外廊。东端第二间为达奚司空塑像处。

图4-17 复廊剖面图/对面页下图
复廊构架较为简单，为清代遗构。

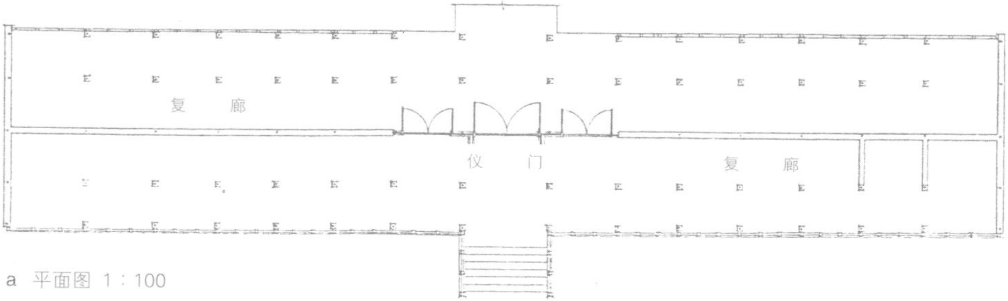

a 平面图 1：100

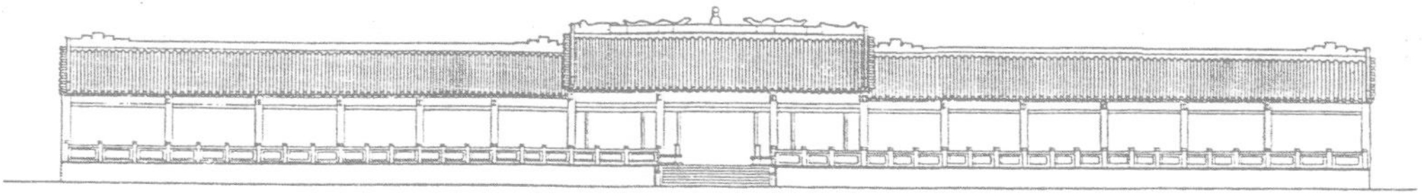

b 南立面 1：100

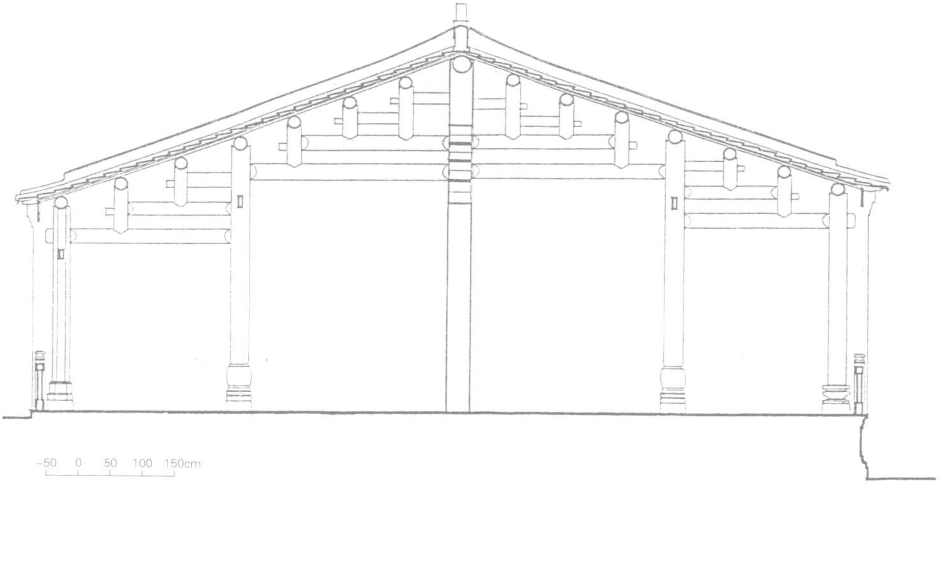

图4-18 南海神庙主体建筑复原鸟瞰图

1985—1991年南海神庙进行了全面修复，这次维修，是南海神庙自清道光二十九年（1849年）以来最大最全面的一次维修，计修复"海不扬波"石牌坊、头门、仪门、昭灵宫、浴日亭等，还重建了大殿、礼亭、东西廊庑、唐韩愈碑亭、宋开宝碑亭、明洪武碑亭和清康熙"万里波澄"碑亭等。

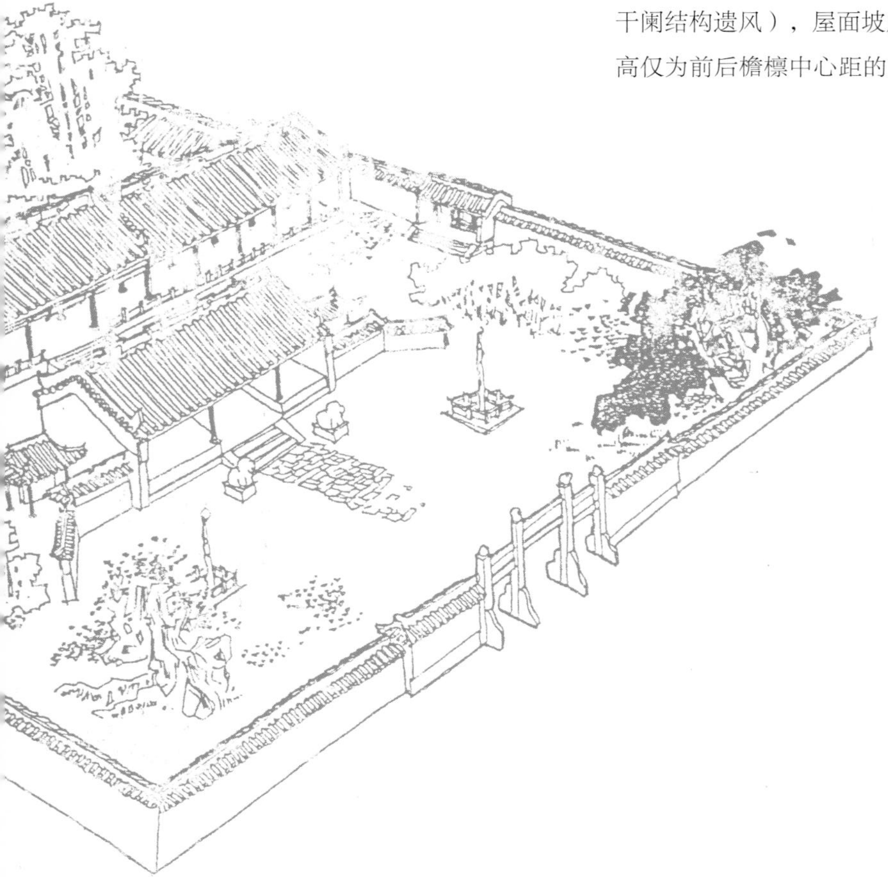

仪门面阔三间13.8米，进深四间12.07米。结构为明代风格，各间均设版门，下有门限，上有横批栏栅。其开间尺寸和头门、大殿开间尺寸有一定关系，脊栋高6.6米。

现存复廊为清代构筑物。复廊以仪门坐中左右对称设置，每侧六开间，进深同仪门为四开间。廊中间以实砖墙分隔为内外廊（每间设镂空砖雕高窗以通风），复廊东西两山为硬山砖墙承重。木构梁架为抬梁式结构（有穿斗干阑结构遗风），屋面坡度甚为平缓，梁架举高仅为前后檐檩中心距的1／5.7。金柱为圆形木柱，下有石质鼓形高柱础，前檐柱为圆形石柱，后檐柱则为小八角石柱。廊檐前高后低，前檐高4.35米，后檐高4.20米，复廊脊栋高5.9米，较仪门低0.7米。前后檐柱外均设置石栏板，地面铺砌方砖。内外廊原立有碑碣若干方（今部分立）。外廊东梢间左右缝梁架下砌砖墙隔离成堂，是达奚司空的塑像处。修复前，复廊与头门一样同遭厄运，被工厂改建为宿舍、办公室，长长开敞的通廊被逐间砌砖墙肢解，破坏十分严重，以致面目全非。通过勘测研究，今已设计复原。

据南海神庙庙志即明《南海庙志》和清《波罗外纪》：唐天宝十年（751年）封四海王，循公侯之礼，明宫之制，有庑名称；唐元和十四年（819年）有东西两序之称；宋乾道三年（1167年），大兴营缮，改序厢为堂廊庑；元至元三十年（1293年）重建此庙，翼经两庑；明洪武二年（1369年）有兰庑桂殿之记载；明成化八年（1472年）有东西廊庑布局大致相符，说明其为沿袭旧制。

图4-19 南海神庙大殿重建立面图、剖面图/对面页
大殿的重建经严谨考证复原为明代单檐绿琉璃瓦歇山顶建筑形式，结构方式为七架椽屋前后三步梁用四柱，全部采用木构架，其中梁架斗栱、门窗使用了质量上乘的进口坤甸木。大殿面阔五间23.5米，进深三间16.2米，高13米。外观气势雄伟，古朴庄重。

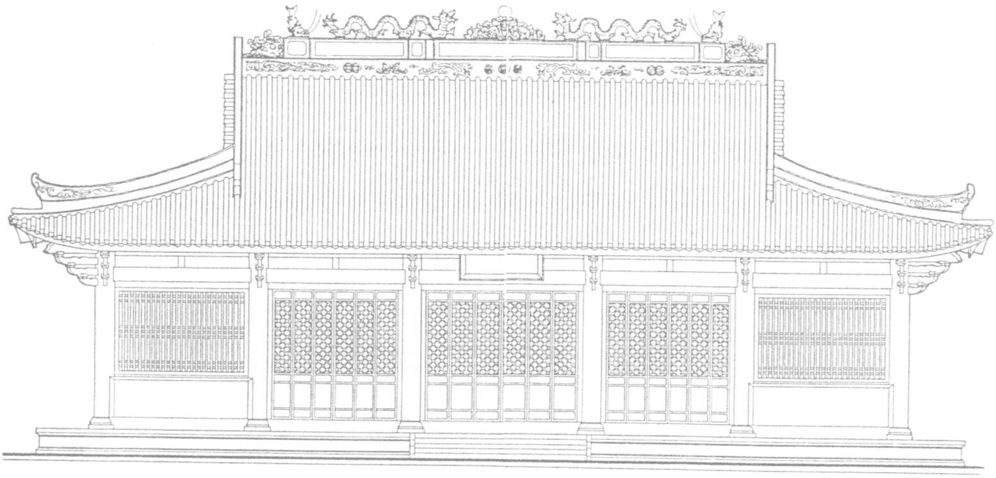

a　　正立面

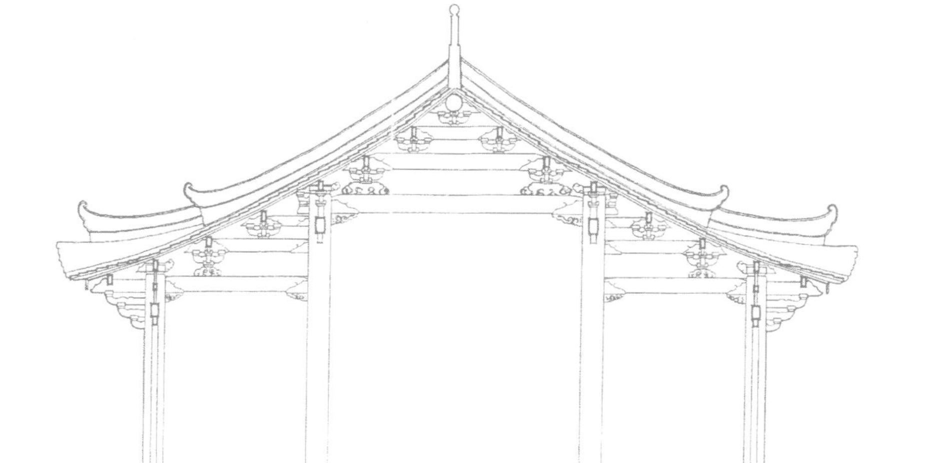

b　　横剖面

图4-20 大殿的梁架吊装
大殿采用传统木结构材料和传统的构架加工工艺，但结构的吊装却采用了现代机械和技术。

现考察古代廊庑、门庑之制。《韩非子·十过》："平公恐惧，伏于廊室之间。"《史记·李斯列传》："居大庑之下。"《西京赋》："长廊广庑，途阁云蔓。"《汉书·窦婴传》："所赐陈廊庑下。"师古注曰："廊，堂下周屋；庑；门屋也。"《后汉书·梁鸿传》："遂至吴，依大家臬伯通，居庑下，为人赁舂。"《诗·陈风·衡门》："衡门之下，可以栖迟。"由上可知，古之廊庑至少有以下两个特点：一是门庑相连；二是广卑可居。周宗庙之门堂有堂有室，堂室可居。上述这种可居的大进深廊庑可能与周之门堂之制有关。南海神庙仪门复廊相连的形式当与古门庑形制有承继关系。

复廊是如何产生和使用的呢?先秦时，王侯将相等贵族阶层为保持和发展自己的政治地位和经济势力，往往有养士习俗，养客多者达数千人之众。春秋战国时期，诸子百家争鸣，

图4-21 大殿的梁架形式

构架为岭南厅堂构架形式，结构与艺术完美地结合起来，充分体现了中国古建筑的结构和构造的美感。

学术论辩异常活跃，养士之风也尤此时为盛。士人有文化，多韬略，他们四处游说，宣扬其主张（孔子就为恢复周礼而游说列国），并为所欣赏之主人所收留，士便为主人出谋划策，寄食于主人家，故称其为“食客”。然而食客众多时，便难以人居有室，于是就居于门堂或廊庑之下（食客多为单身出游，不带家眷）。人们所说的“门人”、“门下”、“门客”、“寄人门下”、“寄人篱下”等词即产生于这样一个事实。《吕氏春秋》就是秦相吕不韦集其“门人养士”群力而成。

在等级制度森严的封建社会，食客也有贵贱之分。有居门堂者，有居廊庑者；有居内廊

图4-22 大殿内景
殿内八根直径60厘米、高8米的整木巨柱直托月梁，高敞明亮。梁架斗栱勾心斗角，力学严谨。重建这样复杂的大型木构架大殿，在新中国成立后的广州乃是首例。

图4-23 重建后的南海神庙

恢复其廊院格局，气势宏大，庭院深深，古风依然。

图4-24 礼亭/后页

礼亭是祭祀建筑组群中的重要构成部分，尤其是在炎热和多雨的南方地区更是必不可少。礼亭在功能上是在大殿前摆放祭品和先行祭礼的地方，所以也是建筑群中观瞻的中心之一。现存礼亭为重建，三开间歇山顶建筑，与大殿风格一致，为明代岭南建筑风格。礼亭四面通透，小巧玲珑中又不乏大度气概，与大殿互为衬托。

禮亭

图4-25 礼亭的木构梁架/上图
洋溢着严谨而美观的岭南明代木构建筑风格。

图4-26 礼亭悬鱼/下图

者，有居外廊者。这与复廊的产生及发展有密切的关系。

《唐两京城坊考·亲仁坊》：“尚父汾阳郡郭子仪宅，谭宾禄曰：宅居其第四之一，通永巷，家人三千，相出入者不知其居。”亲仁坊是唐长安城大明宫丹凤门正南第七坊。据考古资料，该部位的坊东西长1100米，南北宽约510米，总面积约为56公顷。除去坊墙和东西南北主干道所占面积，郭子仪宅占地l/4，不过约12.8公顷。唐时建筑多为廊院式庭院结合，而居住建筑面积最多不过占地面积的1/8。但主人、仆人、食客是不能均分的，于是仆人与养客也就仅有一席之地了。又“安禄山宅，堂皇院宇，窈窕周匝，帐帷幔幕，充物其中”。古之中原气候较现代温和，廊庑设此帐幔遮挡视线，是可以造成一定居住条件的。敦煌217窟唐代建筑壁画中，楼阁廊庑檐柱额枋下均悬帷幔。而且这种例子于唐代石窟壁画中为数不少，说明这种建筑帐幔分隔围护间的形式的确存在过。帐幔晚上放下，白天卷起。

南海神庙头门、仪门复廊等建筑，对于研究中国古代的建筑形式和礼制，特别是对于考证和研究唐代以前的建筑形式和建筑制度等具有重要的历史文化价值，这应引起历史、建筑史和考古史学界的关注。头门、仪门复廊已修复完毕，成为古建筑的“活化石”。

南海神庙大殿

现存南海神庙大殿是1989年重建，原大殿解放初期拆毁，仅保留了台基部分。大殿的重建经严谨考证复原为明代单檐绿琉璃瓦歇山顶建筑形式，结构方式为七架椽屋前后三步梁用四柱，全部采用木构架，其中梁架斗栱、门窗使用了质量上乘的进口坤甸木，大殿面阔五间23.5米，进深三间16.2米，高13米。外观气势雄伟，古朴庄重。大殿的梁架为岭南厅堂构架形式，结构与艺术完美地结合起来，充分体现了中国古建筑的结构和构造的美感。殿内八根直径60厘米、高8米的整木巨柱直托月梁，高敞明亮。梁架斗栱勾心斗角，力学严谨。重建这样复杂的大型木构架大殿，在新中国成立后的广州乃是首例。大殿供奉南海神塑像和其他列侯。南海神像高3.8米，头戴王冠，手执玉圭，身着龙袍，神情庄严。

图4-27 昭灵宫外景

图4-28 昭灵宫所奉明顺夫人

昭灵宫

昭灵宫是南海神庙的寝殿，位于大殿之后。南汉大宝九年（965年）尊南海神为昭明帝，庙聪正官，其衣冠以龙凤。宋皇祐五年（1053年）诏增“昭顺”之号。雍正三年（1725年）宗神封号为“南海昭明龙王之神”。故其寝殿称为昭灵宫，内供奉南海神夫人即明顺夫人之塑像。明顺夫人封于何时已难考证，但民间传说其原为广东顺德县的一位沈姓蚕桑姑娘，相传因为到庙中虔诚地为人们祈求风调雨顺，而被南海神封为夫人。昭灵宫为五开间硬山顶建筑，为民国时期重建，前廊为石柱，内部结构为砖柱钢筋混凝土梁构架，形式虽粗糙但为保存历史之演化过程，仍修缮保留其原装。

图4-29 昭灵宫脊饰

五、南方碑林

在南海神庙中竖立有多方唐、宋、元、明、清历代碑刻，其几可媲美西安碑林，素有"南方碑林"之誉。其对岭南文物典章、历史文化和书法艺术研究，有极为重要价值。

南海神庙自隋开皇年间建立后，经唐代扩建和宋代的发展，规模盛况空前，成为中国一大庙坛。宋代诗人杨万里在《题南海东庙》中赞誉："南来若不到东庙，西京未睹建章宫。"封建帝王十分重视祭南海神，经常派遣宫廷官臣不远千里前来广州致祭。不少文人墨客亦到庙中谒神游览，题诗作对，庙内因此留下不少碑刻。据崔弼《波罗外纪》记录，南海神庙有唐碑一、宋碑十一、元碑十、明碑二十六、清碑二十一。除此之外，还有宋代苏轼，明代陈白沙，清代袭行简等历代名人的诗歌石刻十六种。"十年浩劫"期间南海神庙被占用，作为宝贵历史文化遗产的古建筑、古碑刻横遭破坏，造成极大损失。

从20世纪80年代中期起，广州市文物管理委员会接管南海神庙，在修复神庙古建筑的同时，对庙中残存的古碑刻也进行了整理，还复原、重刻了一批咏南海神庙碑刻。目前，南海神庙共有四十五方碑刻，其中唐碑一、宋碑二、元碑一、明碑十七、清碑四，另据原拓片复原宋至清古碑十块，现代书法家书古人咏南海神庙诗碑十方。并将进一步整理复原有关南海神庙碑刻，使"南方碑林"之誉名副其实。

图5-1 南海神庙设在复廊和东西庑的碑刻
南海神庙古有“南方碑林”之称。目前，南海神庙共有四十五方碑刻，其中唐碑一、宋碑二、元碑一、明碑十七、清碑四，另据原拓片复原宋至清古碑十方，现代书法家古人咏南海神庙诗碑十方。

在南海神庙所存碑刻中有两块重要碑刻，一是《南海神广利王庙碑》，一是《明太祖御碑》。《南海神广利王庙碑》立于头门东侧，为唐韩愈撰，陈谏书，俗称“韩愈碑”。此碑对研究南海神庙的起源、祭祀等有重要价值，又是庙中保存最早的碑刻。碑文开头说：“海与天地间为物最巨，自三代圣王，莫不祀事。考于传记，而南海神次最贵，在北东西三神、河伯之上，号为‘祝融’。天宝中，天子以为古爵莫贵于公侯，故海岳之祀，牺币之数，放而依之，所以致崇极于大神。今王亦爵也，而礼海岳，尚循公侯之事，虚王仪而不用，非致崇极之意也。由是册尊南海神为‘广利王’，祝号祭式，与次俱升。因其故庙，易而新之。”

《明太祖御碑》，立于洪武三年（1370年），据黄宗羲《明文海》所载，碑文为礼部侍郎王祎撰，是由明太祖授意写成的，抄录如下：

奉天承运皇帝诏曰：自有元失驭，群雄鼎沸，土宇分裂，声教不同。朕奋起布衣，以安民为念，训将练兵，平定华夷，大统以正。永惟为治之道，必本于礼，考诸祀典，知五岳、五镇、四海、四渎之封，起自唐世，崇名美号，历代有加。在朕思之，则有不然。夫岳镇海渎，皆高山广水。自天地开辟，以至于今，英灵之气，萃而为神，必皆授命于帝，幽微莫测，岂国家封号之所可加？渎礼为经，莫

图5-2 唐韩愈碑亭

亭在头门东侧，中立《南海神广利王庙碑》，为唐韩愈撰，陈谏书，俗称“韩愈碑”。此碑对研究南海神庙的起源、祭祀等有重要价值，又是庙中保存最早的碑刻。

此为甚。至如忠臣烈士，虽可以加封号，亦惟当时为宜。夫礼所以明神人，正名分，不可以僭差。今命依古定制：凡岳镇海渎，并去其前代所封号，止以山水本名称其神。郡县城隍神号，一体改正。历代忠臣烈士，亦依当时初封号，后世溢美之称，皆与革去。其孔子善明先王之要道，为天下师，以济后世，非有功于一方一时者可比，所有封爵，宜仍其旧，庶几神人之际，名正言顺，于理为当，用称朕以礼祀神之意。所有定到各神号，并列于后：

一、五岳称：东岳泰山之神，南岳衡山之神，中岳嵩山之神，西岳华山之神，北岳恒山之神。

一、五镇称：东镇沂山之神，南镇会稽山之神，中镇霍山之神，西镇吴山之神，北镇医巫闾山之神。

一、四海称：东海之神，南海之神，西海之神，北海之神。

一、四渎称：东渎大淮之神，南渎大江之神，西渎大河之神，北渎大济之神。

图5-3 明洪武碑亭/对面页
立于礼亭前左侧，中立《明太祖御碑》，据黄宗羲《明文海》所载，碑文于洪武三年（1370年）由礼部侍郎王祎撰。

一、各处府州县城隍之神，某府城隍之神，某州城隍之神，某县城隍之神。

一、历代忠臣烈士，并依当时初封名爵称之。

一、天下神祠，无功于民，不应祀典者，即系淫祀，有司毋得致祭。

于戏！明则有礼乐，幽则有鬼神，其理既同，其分当正。故兹诏示，咸使闻知。

洪武三年六月初三日

碑文非常有趣，朱元璋以退为进，假借上天之手，摘下了祝融等神头上的顶顶桂冠。有明一代，朱元璋以后历代皇帝基本循祖制，再没有给南海神封号，只称为“南海之神”。唯熹宗例外，他于天启元年，敕诏恢复为“南海广利洪圣大王”。

六、铜鼓玉印

在南海神庙大殿室内西侧，陈列着一个大铜鼓，此铜鼓为中国现存大铜鼓中排名第三。这面大鼓鼓面径138厘米，通高77.4厘米，胸径83.4厘米，腰径122.8厘米，壁厚0.4—0.6厘米。鼓似腰鼓形，鼓边下折2厘米。鼓面边缘处原有6蛙按顺时针方向环列分布，现蛙已缺失，仅存蛙爪。鼓面正中央为太阳芒纹，有8道粗短的光芒，另有8道三弦分晕，鼓面和鼓身上，铸有云纹、半圆纹和"四出"钱纹，胸腰际有缠丝纹环耳两对，足部残缺。该铜鼓形体硕大，造型古朴，据学者考证为东汉"粤式铜鼓北流型"铜鼓。

图6-1　南海神庙所藏东汉铜鼓

这面大鼓鼓面径138厘米，通高77.4厘米，胸径83.4厘米，腰径122.8厘米，壁厚0.4—0.6厘米，在中国现存大铜鼓中排名第三。该铜鼓形体硕大，造型古朴，据学者考证为东汉"粤式铜鼓北流型"铜鼓。

南海神庙大铜鼓非常出名，历代志书和地方史类多有记载，其来历向无定论。唐人刘恂撰的《岭表录异》记载："（唐）僖宗朝，郑絪镇番禺日，林蔼者为高州太守，有乡里小儿因牧牛，闻田中有蛤鸣，捕之，蛤跃入一穴，遂掘之，即蛮酋冢也。蛤无踪，穴中得一铜

鼓，其色翠绿，土蚀数处，损毁其上，隐起多铸蛙黾之状，疑为鸣蛤，即鼓精也，遂状其缘由，纳于广帅，悬于武库。”有人据此认为今南海神庙大铜鼓即为此面鼓。据清屈大均《广东新语》记载：“南海神庙有二铜鼓，大小各一，大者径五尺，小者杀五之一，高各称广。大者因唐代高州太守林蔼，得之于蛮酋大家，以献节度使郑絪，絪献于庙中者。……边际旧有黾（蛙）六，今不存……岁二月十三，祝融生日，粤人击之以乐神，其声若行雷，隐隐闻于扶胥江岸二十余里，近则声小，远则声大，神器也。”

图6-2 清《波罗外纪》中所绘南海神庙铜鼓

当时鼓面的蛙饰尚存。

铜鼓是中国古代中南和西南地区少数民族具有代表性的器物，据学者考证其有多种用途。作为乐器可用于赛神、祭祀、战阵和集会；作为重要祭器可陈列于盛大的祭典及巫术礼仪中；作为权力和地位的象征，表示礼仪和等级制度，可当做权力的信物传给继承人；还可作为对有功者的赏赐和向朝廷进献的贡品。自唐宋以来，岭南地区的神庙中，多供奉有铜鼓，而南海神庙中的铜鼓，传闻除了在神诞庆典娱神之外，还有镇妖、定海之用。据说，铜鼓还有雌雄之分，《广东新语·铜鼓》载：“粤之俗，凡遇嘉礼，必用铜鼓以节乐。击时先雄后雌。宫呼商应，二响循环，间绝可听。其小者曰铛，大仅五六寸。凡击铜鼓必先击铛，以铛始亦以铛终。铛者铜鼓之子，以子音引其母音也。”

铜鼓的击法主要有座击、悬击两种，在悬击铜鼓时，还要在后面另外置一桶形之类的助音器。贵州《八寨县志》说：铜鼓“击时以绳系耳悬之，一人执木槌力击，一人以木桶后之，一击一合，故声洪而应远”。

南海神庙内另一件文物珍品是南海神玉玺，印呈方形，边长10厘米，青白玉精刻，印纽为狮子，可惜今已残失，印面刻篆书“南海神印”四字，据玉印的形制考察，推测其为明朝遗物。广东地区留传下来的明代玉印数量不多，此印虽印纽脱失，印身却基本完好，对研究明代玉玺形制等有重要价值。过去，这枚南海神印被信者视若神明，每逢农历二月十三日南海神诞，就有不少村民买了庙会小摊档上卖的所谓波罗符，请庙中之人盖上神印，据云，即可镇鬼治邪，旺财转运，保护家中老少平安。

图6-3 南海神印

印呈方形，边长10厘米，青白玉精刻，印纽为狮子，可惜今已残失，印面刻篆书“南海神印”四字，据玉印的形制考察，推测其为明朝遗物。

七、达奚司空

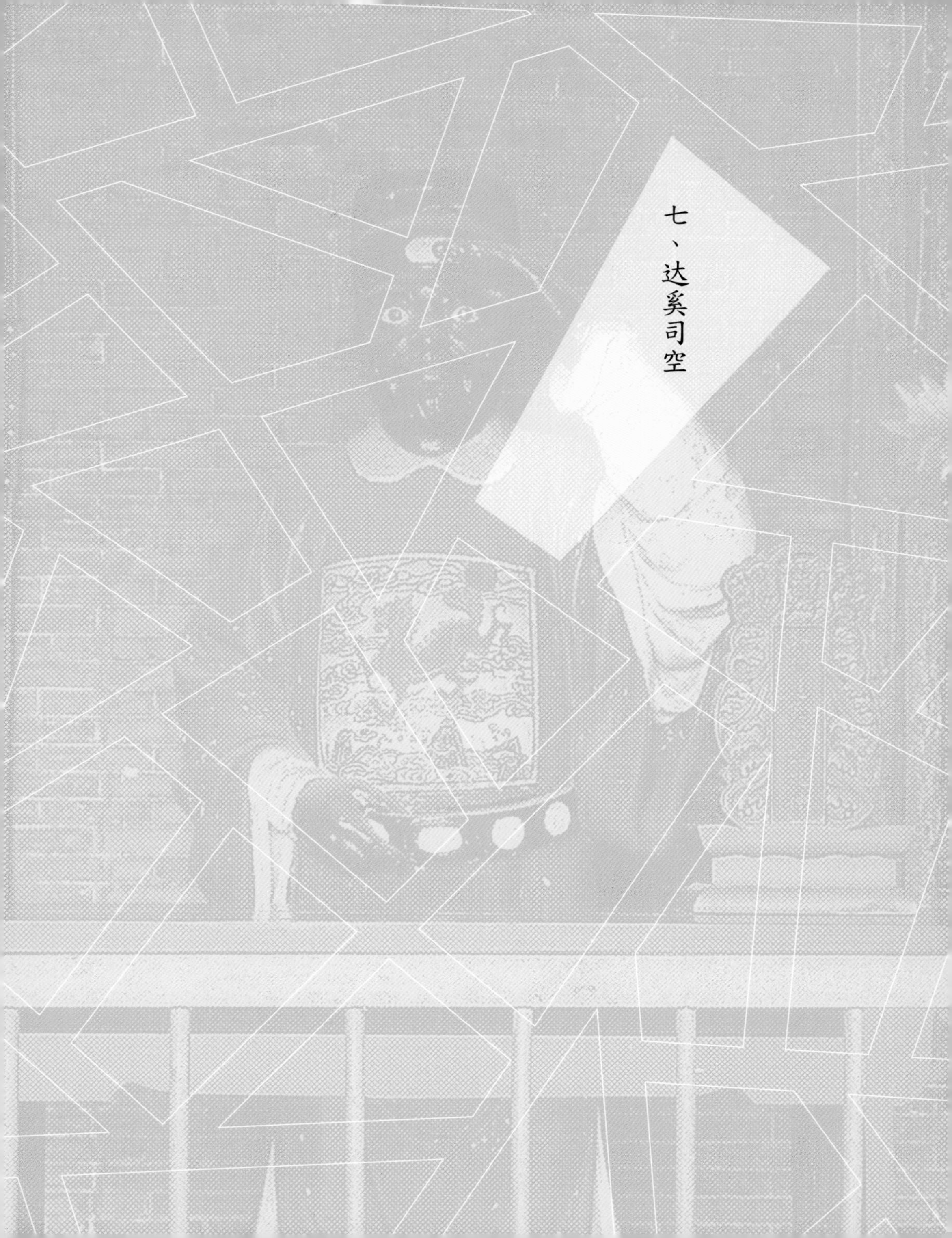

南海神庙还有一个别名，叫波罗庙。谈起这个名称，还有不少有趣的传说。黄淼章先生研究说，据阮遵的记载，在宋仁宗庆历年间（1041—1048年），有一个叫达奚的人，是天竺（今印度）高僧达摩的季弟。于萧梁普通年间（520—527年），跟随兄长达摩由天竺经海上丝绸之路来中国。达奚到了广州扶胥镇，见到有一座雄伟壮观的南海神庙，遂进庙拜谒海神。祝融见达奚是天竺高僧之弟，本人又有神通，就极力挽留他留在庙中协助共管南海。达奚深感南海神之诚意，遂答应协助南海神管理海上风云。他尽忠尽职，天天到海边瞭望海上船只，后立化于海边。人们为了纪念他，塑像立于庙左东侧复廊，并封他为达奚司空。其塑像“黧面白眼”，呈举手称额远望状，俗称“番鬼望波罗”（古时粤人称外国人为番鬼）。

此说虽然流传甚广，但却与史实有悖。达摩即菩提达摩，萧梁普通年间（520—527年）从海路由天竺到广州，在今广州西来初地登岸。后赴南京谒见梁武帝，又在河南嵩山少林寺面壁9年，被奉为中国禅宗初祖。正史上并没有达摩携弟达奚来华的记载，达摩其实并无这个小弟弟。同时，南海神庙始建于隋开皇十四年（594年），萧梁时，南海神庙还未出现，不可能有达奚来庙朝拜之事，故此说牵强附会，不足为信。

另一传说见方信儒《南海百咏》。相传唐朝时，古波罗国有来华朝贡使，回程时经广

图7-1 复原后的达奚司空塑像

达奚司空传为印度唐代来华船员，其塑像身着中国官服，“黧面白眼”，呈举手称额远望状，俗称“番鬼望波罗”，是中外海交史的见证。

州到南海神庙，遂登庙谒南海神，并将从国内带来的两棵波罗树种子种在庙中，他因迷恋庙中秀丽的景色，流连忘返，因而误了返程的海船。其人于是望江而泣，并举左手于额前作望海状，希望海船回来载他，后来立化在海边。人们认为朝贡使是来自海上丝绸之路的友好使者，即将其厚葬，将按他生前左手举额前望海舶归状，塑像祀于南海神庙中，并给他穿上中国的衣冠，封为达奚司空。宋高宗绍兴年间，还封达奚为助利侯。由于他是波罗国来的人，又在庙中植下波罗树，还天天盼望波罗国船回来载他返国，所以村民俗称此塑像为“番鬼望波罗”，神庙也因此称为“波罗庙”了。明代憨山禅师有一首咏达奚司空的诗，写得十分动人和贴切，诗云：“临流斫额思何穷，西去孤帆望眼空。屹立有心归故国，奋飞无翼御长风。忧悲钟鼓愁王膳，束缚衣冠苦汉容。慰尔不须怀旧土，皇天雨露自来同。”

还有一个传说，是说唐代有一艘印度商船，经过数月艰辛的航行，来到了扶胥江，远远望见神庙前的两株大树便欣喜若狂，异口同声大声呼叫“波罗”、“波罗密”。据黄鸿光先生考证，“波罗”和“波罗密”是梵语，分别是“彼岸”和“到达彼岸”的意思。他们上岸到庙中参拜时，仍然不住这样念叨着。村民不识梵语，不解其意，但出于对异国客人的尊重，也逐渐接受了他们“波罗”、“波罗密”的称呼，久而久之，人们就把南海神庙称为“波罗庙”了。

如今，按原样重塑达奚司空的塑像仍供奉在庙中东侧复廊，供游人瞻仰。总之，波罗庙和达奚司空的传说均是中外海交史的佐证。

八、波罗鸡

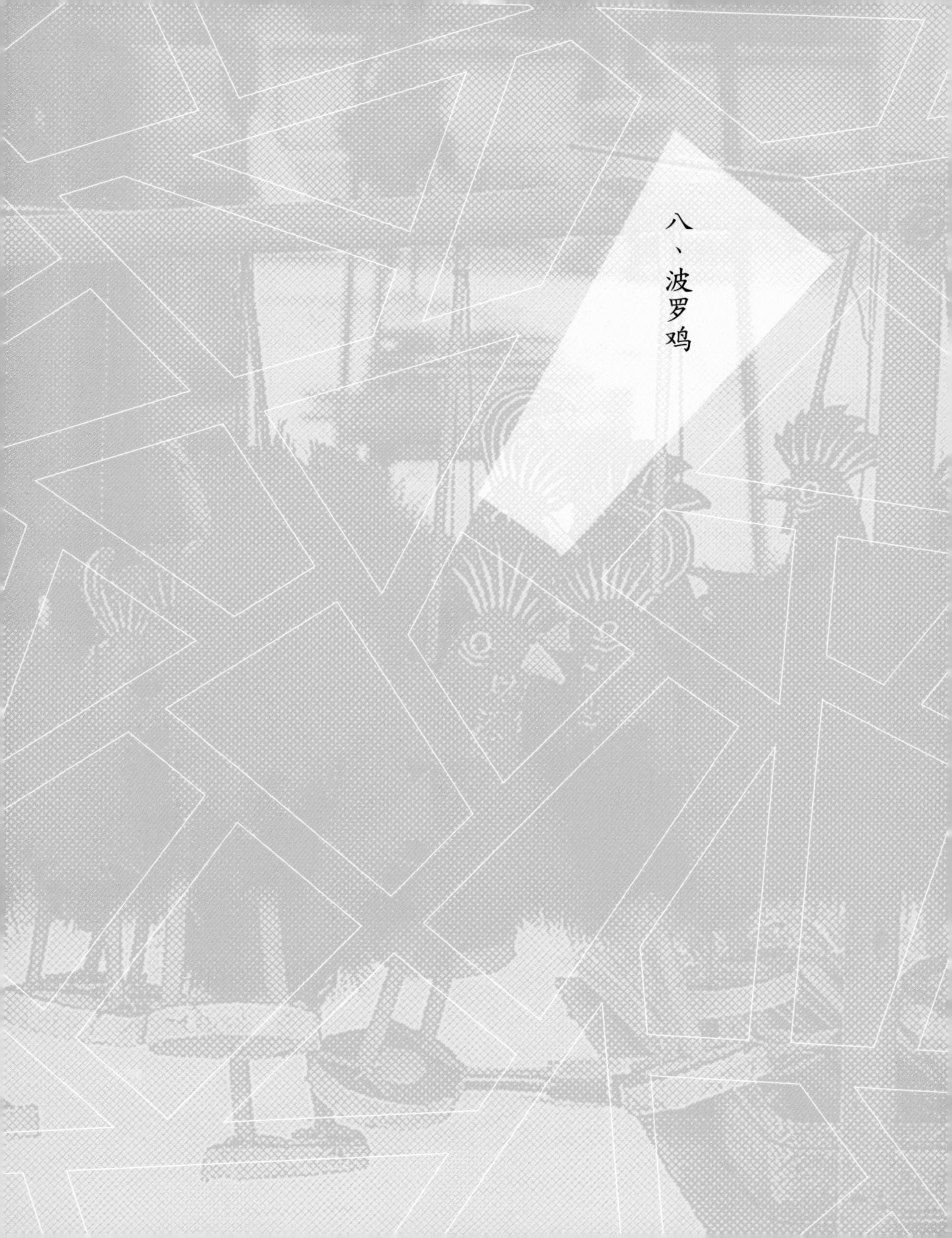

每年农历二月十一至十三，是波罗诞期，即南海神庙庙会，二月十三为正诞。在这几天，南海神庙方圆数十里地方都热闹起来，呈现出一派节日景象，届时四乡云集，远近来会，路上行人如织，庙中人声鼎沸，紫烟缭绕，爆竹轰鸣，胜似春节，故民间有“第一游波罗，第二娶老婆”之说，把游庙会看得比结婚这一终身大事还重要。

趁春汛水涨，很多人乘船而来，一时间，千百艘大小船艇停泊在庙海滩，它们排列有致，宛若水寨，中间有水道相通。每一艘船都装饰一番。有的船体雕龙画凤，船顶彩旗飘扬；有的船罗伞直立，五彩缤纷；有的船桅顶挂灯笼，有的船头尾燃香火。东莞的船燃放五彩缤纷的烟花，佛山的船满载千姿百态的灯饰；番禺的船表演令人惊叹的飘色，顺德的船上演人们喜爱的粤曲。本地人则敲锣舞狮，抬神像四处巡游。在南海神庙附近的街道和空地上，卖波罗符的，卖波罗鸡的，卖玩具的，卖食物的，还有走马卖解，舞刀弄枪、杂耍戏猴的，真是旌旗招展，鼓乐喧天，纷纷攘攘，热闹非凡，正如宋代诗人刘克庄《即事》诗中所描绘的波罗庙会那样：“香火万家市，烟花二月时。居人空巷出，去赛海神祠。东庙小儿队，南风大贾舟。不知今广市，何似古扬州。”

庙会上有许多民间工艺品，但最具特色的是波罗鸡，波罗诞买波罗鸡成为游波罗庙的一项重要内容。波罗鸡不但制作工艺独特，而且

图8-1 波罗鸡

是庙头村的特有工艺品，波罗诞买波罗鸡成为游波罗庙的一项重要内容。传说在每年出售的波罗鸡中，有一只是会啼的，谁买到它，谁当年就会交上好运。

还有一段动人的传说。旧时，波罗庙附近有个村子，村里住着一个姓张的老妇人。老妇人无儿无女，孤苦伶仃，家中养了只大公鸡为伴。那公鸡赤面朱冠，金黄羽毛，长着大而艳丽的尾巴，体格雄健，尤其啼声嘹亮，每天五更啼鸣，声闻村外，为村中最雄壮的公鸡。老妇人视鸡如命，那雄鸡也亲近主人，人与鸡相依为命。每当老妇人从外回家，那鸡总是展翼引吭迎接主人。

村中住着一位有财有势的员外。员外酷爱斗鸡，对老妇人养的那只鸡早有所闻。他派人要求老妇人养的雄鸡与他家中的雄鸡较量，被老妇人拒绝了。员外为了试探老妇人那只雄鸡的实力，就偷偷地拿了家中最威猛的雄鸡去斗，结果被老妇人的雄鸡杀个片毛不留，一败涂地。财主出高价要买老妇人的雄鸡，打算拿到村外去斗，以振自己的声威。然而老妇人不爱钱财爱雄鸡，没有答应员外的要求。一天，员外乘老妇人到田间种菜之机，派了两个家丁偷偷摸摸地把老妇人的雄鸡偷回家中。说来奇怪，那雄鸡到了员外家中之后，再不啼叫，整天耷拉着脑袋闷闷不乐，员外一气之下，下令把鸡杀了，鸡肉鸡骨熬汤做菜，拔下鸡毛丢到村边的垃圾堆去了。

雄鸡被偷，老妇人伤心不已，后来得知鸡被杀，鸡毛被丢到垃圾堆，老妇人就把鸡毛一根一根地捡回家，洗净晒干，然后用黄泥做鸡身，纸片做鸡皮，把晒干了的鸡毛一根一根地粘上去。说也奇怪，粘好的鸡非常神骏美丽，画上两只眼睛之后，更显得栩栩如生，很像原来养的那雄鸡。

老妇人做了很多这样的鸡，自己留了最心爱的一只之外，其他都拿到波罗诞上去卖。人们见老妇人的鸡形象逼真，工艺精致，都争着购买。以后，老妇人就制作这种鸡在波罗诞期间出售，人们就称为波罗鸡，后来老妇人又教会村中其他妇女制作这种鸡，为村中妇女谋生找到一条门路。

波罗鸡的制作工艺并不很复杂，鸡分为毛鸡和光鸡两种，规格大小按鸡模用泥多少来分为30斤、10斤、3斤、0.5斤和0.25斤几种，30斤的波罗鸡高1米左右，0.25斤的大小仅如雏鸡。庙头村的村民几乎家家户户都会制作这种工艺品，每年波罗庙会期间卖出的波罗鸡总数都在十万只以上。传说，在每年出售的波罗鸡中，有一只是会啼的，谁买到它，谁当年就会交上好运。

大事年表

朝代	年号	公元纪年	大事记
隋	开皇十四年	594年	《隋书·礼仪志》卷七："文帝开皇十四年闰十月诏东海、南海，并近海立祠。"此南海神庙之始
唐	武德元年	618年	武德之制，五岳、四渎、四海，年别一祭，各以五郊迎气日祭之。东海于莱州，西海于同州，北海于洛州，南海于广州
	天宝六年	747年	益广利王，故庙易新之
	天宝十年	751年	以东海为广德王，南海为广利王，西海为广润王，北海为广泽王，分命卿监赴岳渎及山川，取三月十七日一时备礼兼册。命仪王府长史范阳张九皋，奉金字玉简之册封南海王。循公侯之礼，明宫之制，前殿，后殿，后廷两庑，重门，环堵，斋庐
	元和十四年	819年	广庙宫而大之，治其庭坛，改作东西两序斋庖之房。袁州刺史韩愈撰碑，守循州刺史陈谏书
五代十国	南汉大宝九年	965年	尊南海神为昭明帝，庙聪正官，其衣冠以龙凤
宋	开宝四年	971年	遣使祭南海。六月遣司农少卿立继芳往祭，除去刘铱所封伪号，赐一品服
	淳化二年	991年	定四海祭日与祭所。立夏日祀南海于广州
	大中祥符六年	1013年	修南海神庙
	康定元年	1040年	增封四海加王号"洪圣"，此为"南海洪圣广利王"之始

朝代	年号	公元纪年	大事记
宋	皇祐五年	1053年	诏增“昭顺”之号，是为“南海昭顺洪圣广利王”
	绍圣初年	1094年	苏东坡游南海神庙，作《南海浴日亭》诗
	绍兴七年	1137年	加八字褒封，有“威显”之号，是为“南海广利洪圣昭顺威显王”
	绍兴十五年	1145年	封达奚司空等为六侯
	乾道三年	1167年	大兴营缮，改序厢为堂廊庑，山亭水榭，建浴日亭榭，闰七月重修落成
	宝庆元年	1225年	重修，糜金钱六百万有奇。崇饰庙貌，彻而新之，环墙列楹，丹垭之饰，前列呵卫，旁罗妻导
	淳祐十二年	1252年	诏海神为大祀
金	世宗大定四年	1164年	定以四立日祭海神
元	至元十五年	1278年	封南海神女为天妃
	至元二十八年	1291年	遣使祭南海，诏加四海封号，封南海神为“广利灵孚王”
	至元三十年	1293年	重建此庙，大门，两庑，正寝殿，斋庖，宿馆，凡125间
	至正八年	1348年	完葺
	至正十四年	1354年	诏加海神封号
明	洪武二年	1369年	敕祀。命易，饰昏漫以丹垭，朱栋雕楹，兰庑桂殿，上侵云表，而坛禅亭
	洪武三年	1370年	诏除历代所封神号，称“南海之神”
	永乐七年	1409年	封南海神为“宁海伯”。时遣往诸番国，神屡著灵应，故封之
	成化八年	1472年	重修，易祠外木牌门为石牌门，易匾额，新大门，仪门，左右阶级，拜香亭，斋堂，斋房

朝代	年号	公元纪年	大事记
明	天启元年	1621年	敕封“南海广利洪圣大王”。又修饰之
清	康熙二十二年	1683年	御书“万里波澄”巨牌
	康熙四十四年	1705年	重修庙宇
	雍正三年	1725年	崇神封号为“南海昭明龙王之神”。修复庙宇，南立石表
	嘉庆五年	1800年	御赐“灵濯朝宗”匾
	道光二十九年	1849年	又鼎新庙宇
	宣统二年	1910年	重修庙宇、韩碑亭
中华民国	19年—24年	1930—1935年	重修礼厅、后殿
中华人民共和国		1957年	广东省人民委员会公布南海神庙为省级文物保护单位
		1985—1991年	南海神庙全面修复重建，计有重建大殿、礼厅，东西两庑，碑厅，修复头门、仪门复廊、后殿，修整复原碑刻、神像等

注：历代祀神尚有多次，表中仅列重要者。

图书在版编目（CIP）数据

广州南海神庙／程建军撰文／摄影. —北京：中国建筑工业出版社，2014.6
（中国精致建筑100）
ISBN 978-7-112-16627-5

Ⅰ.①广… Ⅱ.①程… Ⅲ.①寺庙-宗教建筑-建筑艺术-广州市-图集 Ⅳ.①TU-098.3

中国版本图书馆CIP数据核字（2014）第057553号

责任编辑：董苏华 张惠珍 孙立波
技术编辑：李建云 赵子宽
图片编辑：张振光
美术编辑：赵 清 康 羽
书籍设计：瀚清堂·赵 清 周伟伟 康 羽
责任校对：张慧丽 陈晶晶 关 健
图文统筹：廖晓明 孙 梅 骆毓华
责任印制：郭希增 臧红心
材料统筹：方承艺

中国精致建筑100
广州南海神庙
程建军 撰文/摄影

中国建筑工业出版社出版、发行（北京西郊百万庄）
各地新华书店、建筑书店经销
南京瀚清堂设计有限公司制版
北京顺诚彩色印刷有限公司印刷

开本：889×710毫米 1/32 印张：$2^7/_8$ 插页：1 字数：123千字
2015年9月第一版 2015年9月第一次印刷
定价：**48.00**元
ISBN 978-7-112-16627-5
（24381）